Pietro Cama

Acquaponica: Allevamento di specie ittiche per la produzione di ortaggi

Pietro Cama

Acquaponica: Allevamento di specie ittiche per la produzione di ortaggi

Costruzione di un impianto acquaponico domestico

Edizioni Accademiche Italiane

Impressum / Stampa
Bibliografische Information der Deutschen Nationalbibliothek: Die Deutsche Nationalbibliothek verzeichnet diese Publikation in der Deutschen Nationalbibliografie; detaillierte bibliografische Daten sind im Internet über http://dnb.d-nb.de abrufbar.
Alle in diesem Buch genannten Marken und Produktnamen unterliegen warenzeichen-, marken- oder patentrechtlichem Schutz bzw. sind Warenzeichen oder eingetragene Warenzeichen der jeweiligen Inhaber. Die Wiedergabe von Marken, Produktnamen, Gebrauchsnamen, Handelsnamen, Warenbezeichnungen u.s.w. in diesem Werk berechtigt auch ohne besondere Kennzeichnung nicht zu der Annahme, dass solche Namen im Sinne der Warenzeichen- und Markenschutzgesetzgebung als frei zu betrachten wären und daher von jedermann benutzt werden dürften.

Informazione bibliografica pubblicata da Deutsche Nationalbibliothek (Biblioteca Nazionale Tedesca): la Deutsche Nationalbibliothek novera questa pubblicazione su Deutsche Nationalbibliografie. Dati bibliografici più dettagliati sono disponibili in internet al sito web http://dnb.d-nb.de.
Tutti i nomi di marchi e di prodotti riportati in questo libro sono protetti dalla normativa sul diritto d'Autore e dalla normativa a tutela dei marchi. Questi appartengono esclusivamente ai legittimi proprietari. L'uso di nomi di marchi, di nomi di prodotti, di nomi famosi, di nomi commerciali, di descrizioni dei prodotti, ecc. anche se trovati senza un particolare contrassegno in queste pubblicazioni, sono considerati violazione del diritto d'autore e pertanto non possono essere utilizzati da chiunque.

Coverbild / Immagine di copertina: www.ingimage.com

Verlag / Editore:
Edizioni Accademiche Italiane
ist ein Imprint der / è un marchio di
OmniScriptum GmbH & Co. KG
Heinrich-Böcking-Str. 6-8, 66121 Saarbrücken, Deutschland / Germania
Email / Posta Elettronica: info@edizioni-ai.com

Herstellung: siehe letzte Seite /
Pubblicato: vedi ultima pagina
ISBN: 978-3-639-77386-6

Copyright © 2015 OmniScriptum GmbH & Co. KG
Alle Rechte vorbehalten. / Tutti i diritti riservati. Saarbrücken 2015

Ringraziamenti

Non è facile citare e ringraziare, in poche righe, tutte le persone che hanno contribuito alla nascita e allo sviluppo di questo manoscritto;chi con, una collaborazione costante,chi con, un supporto morale o materiale,chi con, consigli e suggerimenti o solo con parole di incoraggiamento, sono stati in tanti a dare il proprio apporto a questo lavoro.

Ringrazio il Prof. Gargiulo che con il suo impegno e devozione ha permesso la realizzazione di questo progetto.

A Lillo, Cristina, Claudio, Elvira ed Adriana per avermi dato sempre un sostegno nei momenti di difficoltà.

Un ringraziamento particolare va ai miei fratelli acquisiti e non, Kevin, Daniele e Gaetano per avermi aiutato nella realizzazione pratica di questo progetto.

Alla mia straordinaria ragazza, Veronica, per l'amore e la pazienza che ha sempre mostrato nei miei confronti,per avermi assistito nel dipanato mondo della bibliografia inglese, ma soprattutto per essere rimasta la ragazza di cui mi sono innamorato.

Dedico questo mio lavoro ad una persona speciale che sebbene non potrà essere presente fisicamente, sono sicuro sarà orgogliosa di me da lassù. Grazie mamma per essere, e per essere stata, la luce che ha guidato i miei passi nella districata giungla della vita. T.V.B.

Indice

Introduzione

1.0 L'Acquaponica

L'Acquaponica è un sistema di produzione ecosostenibile totalmente biologico ed estremamente innovativo, che coniuga insieme l'**acquacoltura** (ovvero l'allevamento di specie acquatiche quali pesci e crostacei) con la **coltivazione idroponica** (ovvero la coltura di vegetali senza l'utilizzo della terra). (Dernowski et al.,2010)

E' il matrimonio perfetto tra due sistemi di produzione alimentare ben collaudati che s'integrano in una relazione di simbiosi naturale, massimizzando, cosi', le loro qualità individuali.(De Crescenzo,2010).

In sintesi, un impianto acquaponico utilizza l'acqua delle vasche, all'interno delle quali sono allevati pesci, per irrigare degli speciali letti di crescita, privi di terra e concime, in cui sono collocate le piantine da crescere.

L'acqua è ricca di sostanze di rifiuto prodotte dalla componente animale che vengono, grazie all'azione di consistenti popolazioni batteriche presenti nei letti di crescita, trasformate in elementi facilmente assimilabili dalle radici ed utilizzate dalle piante per il loro sviluppo.(Helfrich,2000)

L'acqua, cosi' filtrata e depurata dalle piante in "modo naturale",viene reintrodotta nelle vasche per un nuovo ciclo (Fig. 1).

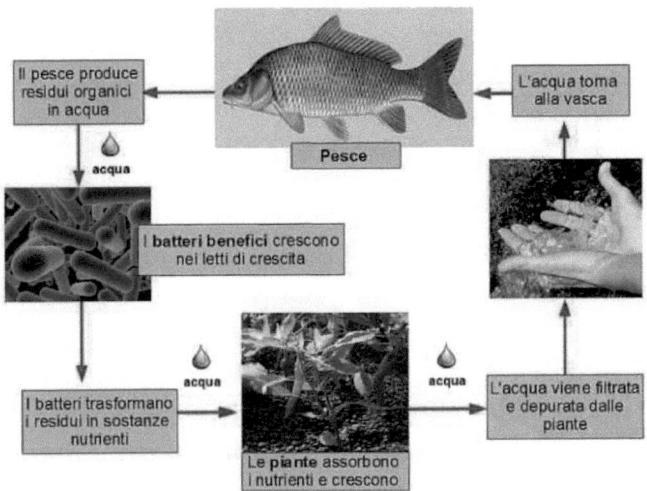

Figura 1.- Ciclo dell'Acquaponica (fonte: Aquaguide)

Figura 2: Aztechi che coltivano su speciali strutture galleggianti chiamate "chinampa" dando vita alle prime forme di acquaponica.(fonte: blog Te Papa)

L'Acquaponica vede la luce per la prima volta più di 600 anni fa, quando, nella regione centrale dell'attuale Messico, gli Aztechi decisero di insediarsi lungo le rive paludose del Lago di Texcoco, costruendovi poi la capitale del loro futuro impero, Tenochtitlan, l'odierna Città del Messico. (Nelson, 2008).Poiché le paludi e il terreno accidentato circostante non consentivano lo sviluppo di sufficienti coltivazioni agricole per poter sfamare la popolazione, essi inventarono le "chinampa", vere e proprie zattere-giardini galleggianti artificiali costituite di giunchi e ricoperte di terra e fango prelevati dal fondo del lago. Su di esse le piante coltivate potevano prosperare grazie al fatto che le loro radici, dopo aver attraversato lo spessore del terriccio, raggiungevano l'acqua del lago ricca di sostanze nutrienti prodotte dagli organismi acquatici.Questa tecnica di coltivazione anticipava, così, in modo primitivo, un principio ecologico che, nell'epoca odierna, è stato riscoperto dagli allevatori di organismi acquatici quando hanno iniziato a sperimentare nuove tecniche per ridurre la loro necessità in materia di disponibilità di terreno, acqua ed energia.

Negli ultimi decenni la ricerca e lo sviluppo di nuove tecnologie hanno permesso di ridurre la quantità di terra e di acqua necessarie. Grazie allo sviluppo di sistemi di ricircolo idrico, denominati RAS (Recirculating Aquaculture Systems), è stato possibile coltivare un maggior numero di individui in uno spazio acquatico minore rispetto a quello richiesto dai metodi di allevamento tradizionali (De Dezsery, 2010).Tuttavia, alcuni problemi si sono ben presto manifestati nell'utilizzare le nuove tecniche (Savidov et al., 2007). Questi sono riassumibili in due principali categorie:

1.   Aumento delle acque inquinate dovuto a sostanze di rifiuto emesse dagli   animali sotto forma di feci e/o urina, e da materiale derivato dalla decomposizione   dei   mangimi   non consumati;

2.   Maggiore esposizione e sensibilità degli organismi allevati alle malattie e allo stress.

Inoltre, l'utilizzo dei RAS, richiede competenza ed esperienza da parte dell'operatore, che deve conoscere molto bene sia le esigenze biologiche degli organismi allevati, sia saper affrontare rapidamente e con sicurezza eventi di squilibrio dei parametri ambientali che possono verificarsi in vasca quando il numero degli individui è alto (Savidov et al., 2007).

A partire dagli anni '70, alcuni allevatori di pesci hanno iniziato a sperimentare l'utilizzo di piante acquatiche e terrestri con l'obiettivo di creare un sistema di depurazione idrico basato sulla capacità d'azione di assorbimento naturale delle sostanze nutrienti da parte delle radici, evitando così la necessità di dover smaltire periodicamente una quota parziale dell'acqua, per mantenere sotto controllo la crescente concentrazione delle sostanze di rifiuto che oltre un certo livello diventano tossiche per gli animali allevati (Rakocy et al., 2006)   .

Esperienze in piccoli impianti privati amatoriali, iniziate da singoli imprenditori e amanti dell'ecosostenibilità, hanno portato a risultati positivi tali da coinvolgere anche Università e centri di Ricerca pubblici ed hanno condotto, negli ultimi decenni, alla nascita di allevamenti commerciali di acquaponica in grado di poter produrre grandi quantità di vegetali ed animali (soprattutto pesci) in maniera biologica durante tutto l'anno (Rakocy et al., 2009).

Oggi, impianti di acquaponica commerciali, sono presenti, ad esempio, negli Stati Uniti (Fig. 3), in Australia (dove il loro sviluppo è stato motivato in particolare in aree semidesertiche o con una ridotta disponibilità di acqua), a Singapore, in Messico, in Canada e in Vietnam, ma soprattutto in Italia (Travis, 2005).

Figura 3 - Esempi di impianti di acquaponica nel mondo

1.1 L'Idroponica

L'idroponica è un metodo di coltivazione dove le piante crescono utilizzando soluzioni nutritive di minerali disciolti in acqua, senza terreno. Le piante comuni che crescono in terra possono essere coltivate ponendo le radici nella soluzione nutriente in un substrato inerte, come perlite, argilla espansa, lapillo vulcanico, o buccia di cocco (Diver S., 2000). I ricercatori hanno scoperto nel XVIII secolo che le piante assorbono nutrienti minerali essenziali, come ioni inorganici in acqua, e che, pertanto, il terreno, non è essenziale per la crescita delle piante (Bambi, 2011). Quando i nutrienti minerali nel terreno si dissolvono in acqua, le radici delle piante sono in grado di assorbirli. Una volta che i nutrienti minerali necessari sono introdotti artificialmente nel rifornimento idrico di una pianta, il suolo non è più necessario. Quasi tutte le piante terrestri sono in grado di crescere con la tecnica di coltivazione idroponica. Molti dei prodotti vegetali utilizzati per la nostra alimentazione così come la maggior parte della produzione di fiori per utilizzo commerciale sono coltivati idroponicamente poiché, in tal modo, le piante crescono più rapidamente, sono meno soggette ad attacchi patogeni e, fatto non trascurabile, si ottengono raccolti maggiori rispetto ai tradizionali metodi di coltivazione. La soluzione nutritiva contiene tutti gli elementi di cui una pianta ha bisogno per crescere e, pertanto, la pianta stessa utilizza tutta la sua energia per svilupparsi piuttosto che per ricercare acqua e nutrienti (Jones, 2005). Questi ultimi vengono estratti dalla soluzione in misura minore o maggiore, in base alle necessità della pianta (Bernstein, 2011).

I coltivatori che si avvalgono dell'idroponica, hanno il controllo totale sullo sviluppo delle loro piante; conoscono esattamente la quantità di ciascun elemento che la pianta riceve, in modo da non lasciarla mai in mancanza di nessuno di essi. Aggiungendo vari elementi e nutrienti durante le differenti fasi del ciclo di vita della pianta il coltivatore, può anche accelerare lo sviluppo delle radici, stimolando o rallentando la crescita vegetativa, e migliorando anche la fioritura (Fig. 4)(Gilbert,1984). Le palline di argilla, il cocco o la lana di roccia, che costituiscono il substrato della coltivazione idroponica, grazie alle loro caratteristiche fisiche creano una zona dove le radici, sebbene coperte, sono altamente ossigenate.

Le tecniche idroponiche come l'NFT (Nutrient Film Technique, tecnica dei film di nutrienti) e l'aeroponica sono essenzialmente del tipo a "radici nude", in quanto lasciano le radici delle piante scoperte per far loro assorbire quanto più ossigeno possibile (Harris, 1992). Questa costante somministrazione di ossigeno, nutrienti e acqua velocizza la crescita della pianta favorendo un aumento della biomassa.

Ecco alcuni dei motivi per cui la coltura idroponica è stata adattata in tutto il mondo per la produzione alimentare:

- non è necessario nessun terreno;
- l'acqua rimane all'interno del sistema e può essere riutilizzata, in modo tale che costi di acqua diminuiscono;
- è possibile controllare i livelli di nutrizione nel loro complesso utilizzando solo i quantitativi strettamente necessari, riducendo così i costi;
- nessun inquinamento nutrizionale è rilasciato nell'ambiente;
- rendimenti stabili e di alta qualità;
- parassiti e malattie sono più facili da combattere rispetto al suolo (Chalmers, 2004)

Figura 4: Esempi di coltivazione idroponica (Fonte: GenitronSviluppo.com)

L'acquacoltura

" L' **acquacoltura** è la produzione di organismi acquatici come pesci, molluschi, crostacei, ma anche alghe, in ambienti confinati e controllati dall'uomo. Questo implica un intervento costante dell'uomo durante le varie fasi dell'allevamento attraverso sistemi di semina e controllo, alimentazione, protezione o controllo di predatori ..."(FAO, circolare 815)

L'obiettivo dell'acquacoltura è principalmente quello di produrre organismi, sia animali che vegetali, destinati al consumo umano diretto e indiretto, ma puo' anche prevedere allevamenti finalizzati alla produzione di organismi destinati al ripopolamento di una determinata area geografica o all'acquariofilia.

L'acquacoltura europea consente di ottenere prodotti di qualità nel rispetto di norme rigorose in materia di sostenibilità ambientale, salute degli animali e protezione dei consumatori. L'eccellente qualità dei prodotti ittici dell'UE dovrebbe costituire un importante vantaggio competitivo per l'acquacoltura; tuttavia, a fronte di una crescita significativa in altre regioni del mondo, la produzione alieutica rimane stazionaria. In questo momento i prodotti ittici commercializzati provengono per il 25% dalle attività di pesca dell'Unione Europea, per il 65% dalle importazioni e per il 10% dal comparto acquicolo rionale.

Il consumo apparente totale dei prodotti della pesca e dell'acquacoltura nell'UE ha raggiunto circa 13,2 milioni di tonnellate. I dati disponibili indicano un divario crescente stimato a

8 milioni di tonnellate, tra il consumo di prodotti ittici nell'UE e il volume delle catture della pesca. La Commissione e gli Stati membri possono contribuire a colmare almeno in parte tale divario promuovendo nell'UE un'acquacoltura sostenibile sotto il profilo ambientale, sociale ed economico. (Commissione Europea FAO, 2013).

Le varietà che meglio si prestano all'allevamento, ovvero pesci come tilapia, carpa, pesce gatto, molluschi, crostacei, spigole e orate hanno rappresentato le fonti principali di questa maggiore offerta. Per ovviare a questo problema di eco sostenibilità sono stati introdotti sistemi come quello dell'acquaponica. In questo sistema, infatti, le acque delle vasche ricche di rifiuti azotati provenienti dalle sostanze escrete dai pesci, vengono incanalate verso appositi terreni di coltura dove troviamo batteri nitrificanti che trasformano i residui azotati in sostanze nutritive per la crescita delle piante (Tezel., 2009).

1.2.1 Il Ciclo dell'Azoto

L'azoto è presente nell'ecosistema sotto varie forme ed in vari tipi di composti organici più o meno complessi. Il maggiore serbatoio di azoto in natura è costituito dall'atmosfera, in cui è presente per circa il 78% del totale; l'azoto gassoso (N_2) è una molecola molto stabile con scarsa tendenza a reagire con altri gas o elementi, in tale forma non è direttamente fruibile dalla maggior parte degli organismi viventi (Hopkins et al. , 2008). Lo troviamo, inoltre, come componente delle proteine (aminoacidi), come ione ammonio (NH^{4+}) e sotto forma di nitrato (NO^{3-}) nel terreno e nelle acque superficiali.(Fig.5)

Si tratta di un ciclo prevalentemente microbiologico, poiché vi sono da una parte batteri che ossidano e dall'altra batteri che riducono, chiudendo il ciclo. L'azoto entra nel ciclo sotto forma di ione ammonio (NH^{4+}), derivante dalla scissione delle molecole proteiche mediante un processo detto *ammonificazione* operato da microrganismi eterotrofi, o come nitrati che, contenuti ad esempio nei fertilizzanti, giungono al mare col dilavamento delle terre emerse. L'ammonificazione genera ammoniaca dalla decomposizione della materia organica/proteine.

$$H_2O + NH_2\,CO\,NH_2 \rightarrow 2\,NH_3 + CO_2$$

I nitrati possono poi essere ritrasformati in azoto gassoso da parte di alcuni ceppi di batteri anaerobi, chiudendo in tal modo il ciclo (Hopkins, 2008).

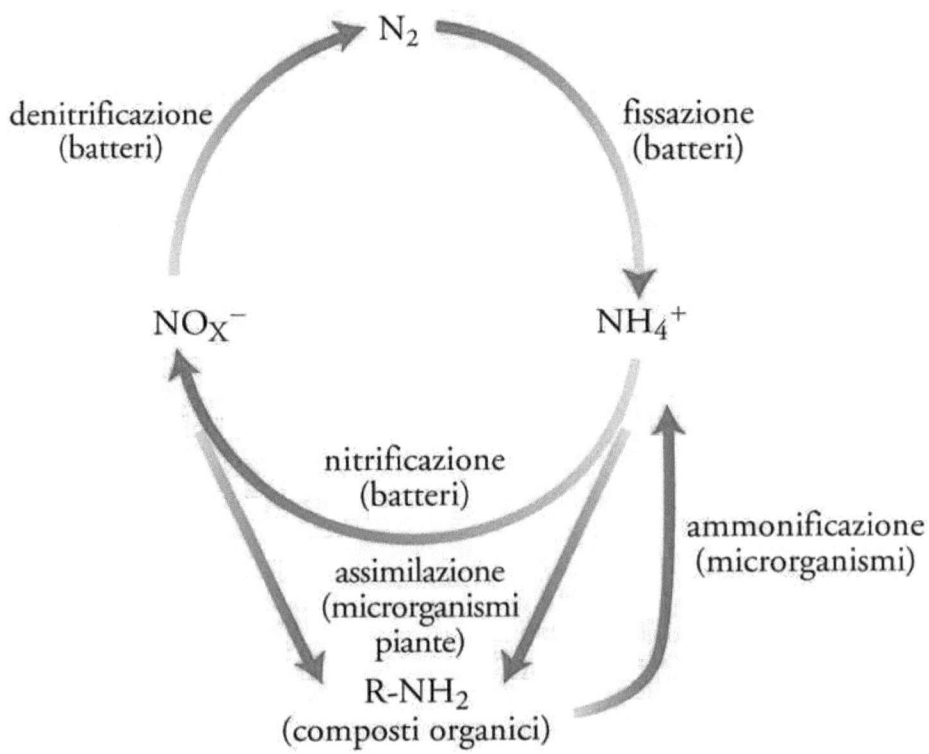

Figura 5- Ciclo dell'azoto (fonte: Enciclopedia Treccani)

1.2.1.1 Nitrificazione

La nitrificazione consiste nella trasformazione di NH^3 in NO^{2-} (da ammoniaca a ione nitrito) attraverso un processo aerobico (in presenza di ossigeno) operato da batteri aerobi. (Figura 5)

I batteri deputati a questo processo sono detti nitrificanti e si trovano sia sulla terraferma che in tutte le acque dolci e marine, con Ph non inferiore a 5,5 e in un intervallo di temperature che va dai 5°C a 35 °C; i ceppi batterici più conosciutii sono i *Nitrosomonas* e i *Nitrobacter*.

La nitrificazione consiste nell'ossidazione dell'ammoniaca (NH_3) a ione nitrito (NO^{2-}); il passaggio attraverso gli stadi intermedi di idrossilammina (NH_2OH) e ossidi di azoto (N_2O e NO) è operato da alcuni ceppi batterici; altri ceppi ossidano poi il nitrito in nitrato (NO^{3-}). Il processo è strettamente aerobico e i batteri che lo operano traggono dalle reazioni di ossidazione l'energia necessaria per la sintesi dei composti organici, sia fissando CO_2 come sorgente di carbonio (autotrofi obbligati), sia espellendola (eterotrofi).

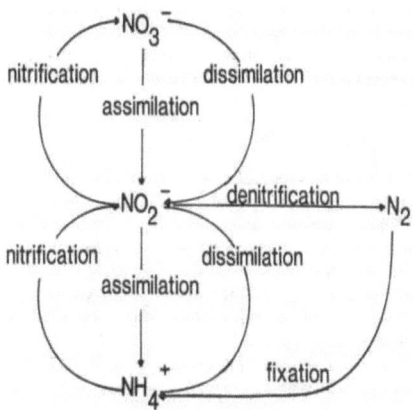

Figura 6 : Rappresentazione schematica del ciclo dell'azoto (da Austin 1988)

1.2.1.2. Denitrificazione

Nel mare come anche sulla terraferma i nitrati possono essere utilizzati dal fitoplancton o dalle piante da accettori finali di elettroni al posto dell'ossigeno in condizioni di anaerobiosi. Questo processo viene definito *denitrificazione* e viene attuato da batteri (denitrificanti) che ricavano energia dalla riduzione di nitrato a nitrito, e, in alcuni casi, ad azoto molecolare. La denitrificazione è operata soprattutto da batteri marini eterotrofi aerobi o anaerobi facoltativi, ma anche da alghe e funghi. L'azoto molecolare ritorna in circolo per azione di batteri e alghe azoto-fissatori. Tra i cianobatteri si ricordano quelli appartenenti ai generi *Anabaena* e *Nostoc*. La fissazione dell'azoto richiede un considerevole input di energia, derivante dalla respirazione nel caso degli eterotrofi o dalla conversione dell'energia solare nel caso di organismi fotoautotrofi e cianobatteri.

1.3 Parametri fisico-chimici delle acque

Per una corretta crescita dei pesci e delle piante dobbiamo considerare i parametri fisico-chimici dell'acqua:

- pH
- Temperatura
- Concentrazione di CO_2
- Nitrati
- Ossigeno disciolto

1.3.1 pH

Il significato di pH corrisponde alla concentrazione degli ioni idrogeno ed indica se l'acqua è acida oppure alcalina. Un valore tra 0,0 e 6,9 indica acidità, il valore 7,0 è neutro ed un valore tra 7,1 e 14 indica alcalinità. A questo punto dobbiamo tener presente l'esigenza dei pesci e delle piante che vogliamo ospitare nelle vasche, rispettando il più possibile i valori del loro habitat naturale. Un'acqua con il pH tra 6,8 e 7,2 è indicata per ospitare la maggior parte dei pesci e delle piante. Un pH inferiore al 5,5 è letale per quasi tutti i pesci. Per avere una buona crescita delle piante il pH deve essere inferiore a 7,5, un buon metodo per ottenere un pH neutro è di far uso di un diffusore di CO_2. Per abbassare il PH bisogna prima controllare il valore KH, questi due sono legati tra loro.

1.3.2 GH

Con il GH si misura la durezza totale dell'acqua e precisamente la presenza dei cationi di calcio e manganese disciolti in essa. Il sistema di misurazione più comunemente usato è quello tedesco. Il GH (durezza totale) nell'acqua dovrebbe essere 3 volte superiore al KH (durezza Carbonica) e raggiungere valori tra 5 e 10 per i pesci che necessitano di un'acqua tenera (Ciclidi americani) e superare i 12 - 15 per i pesci che vivono in acque dure (Ciclidi africani). L'ammonio (NH^{4+}) nell'acqua, indica la presenza di nitrati dovuti agli escrementi dei pesci, ai residui di mangime non consumato, e alle piante in fase di decomposizione. Una presenza con concentrazione da 0,10 mg/l a 0,50 mg/l è normale.

1.3.3 Nitrati

I nitrati sono il risultato della terza ed ultima fase del ciclo dell'azoto e hanno una tossicità per i pesci. Per allevare pesci molto delicati è consigliabile una concentrazione fino a 20 mg/l. Un valore che si aggira intorno ai 50 mg/l è buono per la maggior parte dei pesci; ma può favorire la crescita delle alghe.

Se viene riscontrato un valore che supera i 50 mg/l è necessario un cambio parziale dell'acqua, ma nel caso di un sistema acquaponico questo non sarà necessario perché sono proprio i nitrati alla base del progetto di crescita delle piante coltivate.

1.4. Specie bersaglio in sistemi acquaponici

In un sistema acquaponico vengono allevate sia specie animali che specie vegetali (Fig. 7) quindi bisogna considerare due differenti categorie merceologiche.

Per quanto riguarda le operazioni sui pesci, ci sono due segmenti di mercato di base: il primo, è quello alimentare. Alcune specie di pesci commestibili che crescono bene in acquaponica sono: carpa, tilapia, trota, pesce persico, salmerino, pesce gatto e gambero della Louisiana. In acqua salata ritroviamo specie come l'orata e la spigola.

Ad esempio la specie principalmente allevata nel Nord America con sistema acquaponico è generalmente la tilapia, per via della sua alta capacità di tollerare condizioni molto variabili di habitat ed alte densità di popolazione. Il secondo segmento, è quello della produzione ornamentale destinata ad un mercato che include pesci tropicali e di acqua temperata per laghetti e stagni. La maggior parte di quest' ultimo settore prende in considerazione principalmente due specie ittiche: *Cyprinus carpio* (carpa koi) e *Carassius auratus* (pesce rosso).

Per quanto riguarda invece le piante, ne possiamo coltivare di qualsiasi tipo come ad esempio il basilico, gli spinaci, la lattuga, le erbe odorose (ad esempio l'erba cipollina), carote, sedano, pomodori, piselli, spinaci, melanzane, peperoncini, fagiolini, fragole, cetrioli ed alcune piante da fiore; basta che manteniamo il corretto rapporto dei nutrienti. In acqua salata invece possiamo considerare alghe come la *spirulina*, l'*ulva* o l'alga *nori*. Questo è possibile "dimensionando" opportunamente i volumi delle strutture di allevamento \ coltivazione.

Un rapporto di 1:2 (rispettivamente il volume della vasca di allevamento e il volume dei letti di crescita vegetale), è generalmente quello più utilizzato.

La selezione delle piante è quindi direttamente proporzionale alla densità del pesce utilizzato in un sistema acquaponico. Maggiore è la densità degli animali, maggiore sarà la quantità di rifiuti azotati prodotti, e quindi la concentrazione di nutrienti disponibili per far crescere il raccolto. Di conseguenza, ci saranno piante che avranno bisogno di un minor substrato nutrizionale, ed altre, come quelle da frutto (pomodori,cetrioli,zucche), che per crescere avranno bisogno di esigenze nutrizionali maggiori.(Fig. 7)

Figura 7- Specie vegetali allevate in acquaponica

I sistemi a ricircolo di acqua usati in acquacoltura o in acquaponica devono essere gestiti in modo da assicurare delle buone condizioni di qualità delle acque. Mentre il sistema acquaponico è relativamente autosufficiente per quanto riguarda filtrazione e nutrienti per le piante, è sempre importante testare la qualità idrica con dei kit di controllo appositi. Un'attenzione speciale deve essere riservata all'ossigeno disciolto, alla concentrazione di anidride carbonica, ammoniaca, nitriti e nitrati, al pH e eventualmente alla presenza di cloro (se si utilizza acqua proveniente da fonti cittadine) per assicurare un corretto equilibrio dei vari elementi. La densità dei pesci; la frequenza con la quale vengono nutriti e eventuali cambiamenti e fluttuazioni ambientali; possono avere effetti sulla qualità dell'acqua, e per questo motivo, vanno monitorati adottando delle semplici e pratiche procedure quotidiane.(De Crescenzo, 2012)

1.5 Obiettivi

Lo scopo di questo libro è quello di porre all'attenzione del lettore un sistema innovativo, semplice ma soprattutto un modo ecosostenibile di produrre alimenti sia vegetali che animali a costi contenuti realizzando un sistema acquaponico domestico quasi autosufficiente. Dopo aver costruito l'impianto si è testata la sua funzionalità ed efficienza mettendo a confronto una coltura di *Pisum sativum* in ambiente terrigeno e una in ambiente acquaponico. Questo progetto rappresenta la fase iniziale di un esperimento che si propone di utilizzare acqua di mare ed organismi marini per la realizzazione di un impianto acquaponico marino.

Materiali e Metodi

2.1 Costruzione impianto

Il progetto della costruzione del sistema acquaponico è stato condotto nel balcone di una normale abitazione nei pressi di Messina ed è stato realizzato con i seguenti materiali:

1- Due vasche da 70 litri cad.

2- 20 Carassius auratus

3- 40 semi di Pisum sativum

4- Test Acquavital per analisi acqua

5-   Due recipienti rettangolari da 60x40x16

6-   40 kg di argilla espansa

7-   40 kg di lapillo vulcanico

8-   20 bicchieri di plastica

9-   500g di terriccio

10- 300 g di mangimi per pesci in scaglie

11- Due sifoni a campana

12- Due pompe sommerse da1200l/h

13- 2 metri di tubo nero in pvc

14- 20 stecconi di legno

15- Una spillatrice

16- Un taglierino

17- Una pinzetta

18- Un trapano

19- Un seghetto

2.2 Sperimentazione impianto

Il sistema è stato provato per testarne l'efficienza. Le specie utilizzate nell'esperimento sono il *Pisum sativum* (Linneo, 1758) e il *Carassius auratus* (Linneo, 1758).

Per verificare il corretto funzionamento del sistema acquaponico è stato realizzato un esperimento nel quale sono state testate due modalità di crescita di semi di *Pisum sativum* in differenti ambienti:

- Coltivazione acquaponica
- Coltivazione terrigena

Sono state preparate venti targhette da appendere su altrettanti spiedini di legno di circa 25 cm. Sono stati affondati nel terreno di coltura ad una distanza di circa 5 cm uno dall'altro. Sono stati pesati a secco 20 semi di *Pisum sativum* (Fig. 8) deponendoli ai piedi delle targhette numerate.

Figura 8- Pesatura di un seme tramite bilancino di precisione

Le targhette in acquaponica sono state ordinate con la lettera "A" prima del numero in modo da indicare i semi in acquaponica (Fig. 9) e con la lettera "T" per indicare i semi in terra(Fig. 10).

Figura 9-Foto degli spiedini di legno numerati con relativo seme alla base

Figura 10- Foto dei bicchieri numerati con all'interno la terra

Sono stati segnati con un pennarello indelebile dei bicchieri di plastica numerandoli da 1 a 20. Sono stati effettuati tre buchetti alla base di ogni bicchiere in modo da creare un drenaggio per la terra (Fig. 11) e sono stati riposti all'interno di una cassetta in plastica in ordine crescente (Fig. 12).

Nella fase successiva sono stati piantati i semi, in precedenza pesati, sia nei terreni di coltura che in terra (Fig. 9-10).

Figura 11- Semi disposti nei vari bicchieri numerati riempiti di terra

Figura 12- Realizzazione dei buchi alla base di ogni bicchiere per il drenaggio

Il terriccio utilizzato era di tipo universale con pH tra 4.5 e 8,5; una percentuale di composto organico >4% sul peso secco e una porosità totale dell'85%.(Fig. 13)

Figura 13- Terriccio universale

Nel sistema terrigeno sono stati somministrati due volte al giorno 30cc di acqua di rubinetto per ogni bicchiere. Il cibo è stato somministrato ai pesci nella quantità indicata ogni giorno alle ore 8,00 e alle ore 18.

Le analisi delle acque sono state effettuate ogni cinque giorni tramite fascette multi test (Fig. 14).

Figura 14- Multitest per effettuare analisi delle acque

I semi sono stati estratti ogni cinque giorni da entrambi i terreni, ed è stata eseguita una pesatura dopo averli asciugati in carta assorbente e in seguito sono stati fotografati per analizzarne la lunghezza tramite un software di analisi d'immagini (*Image-Pro Plus ver. 6.2, MediaCybernetics*). Alla fine dell'esperimento sono stati posti in stufa a 100°C per due ore in modo da valutarne anche il peso secco.

Pisum sativum L.

Il pisello è una pianta annuale glabra e glauca, con un solo stelo cilindrico sottile e debole, di lunghezza variabile da 0,30 a 3 metri (piselli nani, seminani e rampicanti).

La gracilità dei fusti ha come effetto che le colture di pisello tendono a prostrarsi a terra (Fig.15), sempre che non siano forniti di sostegni (frasche, reti) come nella coltura ortense.

La germinazione dei semi è ipogea, vale a dire che i cotiledoni restano sottoterra mentre emerge il fusticino (epicotile), incurvato. I semi di pisello sono variabilissimi per forma, colore, dimensione. La forma è normalmente rotondeggiante ma può essere cuboide nelle forme in cui i semi sono molto serrati nel baccello.(Fig.15)

Figura 15- Pianta di Pisum sativum

Il pisello è una pianta microterma che ha limitate esigenze di temperature per crescere e svilupparsi, e rifugge dai forti calori e dalla siccità; per questo la coltura del pisello può essere fatta con successo negli ambienti o nelle stagioni fresche. (Sodi,F.,2005)

Carassius Auratus L.

Figura 16: Foto dei pesci rossi usati nell'impianto

Il *Carassius auratus* (Fig.16) appartiene al gruppo dei Ciprinidi e proviene dall'Asia anche se ora può essere definito cosmopolita. Vive prettamente nei laghi e può raggiungere dimensioni che vanno da 20 a 40 cm. Ha un dimorfismo poco marcato infatti il modo più sicuro per riconoscere il maschio è la presenza dei tubercoli nuziali sulle branchie durante la fregola. Predilige temperature che vanno da 6 °C (rossi comuni) a 24°C (rossi ornamentali). Vive bene in acque con pH compreso tra 7.5 e 8. Di forma allungata e snella, può presentare pinne lunghe a velo e la pinna dorsale e anale denotano una base piuttosto lunga. Ha colorazione generalmente arancione o rosso, con varietà bianco e rosso, giallo o calico (manto chiazzato di nero e/o di rosso). Il carassio eteromorfo, o pesce rosso ornamentale, è corto e tozzo, con la pinna posteriore sdoppiata e spesso molto lunga e fluente. Esistono diverse specie di carassi ornamentali dalle forme particolari ed a volte fin troppo esasperate. I colori variano tra tutti i possibili per questa specie (nero, rosso, giallo, calico ecc.). E' buona norma nutrirlo con il solito cibo secco (scaglie, fiocchi e granuli) e con del cibo fresco.

Risultati e discussione

3.1 Costruzione dell'impianto acquaponico

Figura 17- Impianto acquaponico realizzato nel balcone

La prima cosa da fare nel costruire un impianto acquaponico domestico è individuare lo spazio utilizzabile e successivamente creare l'impalcatura di legno che reggerà la struttura. Come da figura 17 si è realizzata un impalcatura in legno che permettesse di posizionare i terreni di coltura sopra le vasche con i pesci. In seguito si è passato al rivestimento delle tavole di legno con un telo plastificato in modo da evitare che l'acqua marcisse la struttura. E' stata posizionata una pedana di legno in modo da evitare che le vasche poggiassero direttamente a terra. Per realizzare i terreni di coltura (*growbed*) sono stati utilizzati due contenitori in plastica; al centro, è stato necessario realizzare un buco con un trapano per collocare una guarnizione che permettesse il posizionamento dei tubi del sifone a campana (Fig. 18).

In seguito è stato tagliato un altro tubo di plastica con diametro di 20 mm e lunghezza di 30 cm; sono stati fatti dei buchi su tutta la superficie, ed è stato posizionato all'esterno del tubo del troppo pieno in modo da evitare che l'argilla espansa bloccasse la dentellatura del sifone, e quindi l'entrata dell'acqua.

Figura 18- Vaschetta rettangolare con sifone

Ogni letto di crescita è stato infatti munito di un sifone a campana che aveva il compito di svuotare, a intervalli di dieci minuti circa, tutta l'acqua contenuta nel letto di coltura nel più breve tempo possibile (circa 40 secondi), in modo da permettere alle radici delle piante un'ossigenazione ottimale.

Quando il tubo del troppo pieno si riempie d'acqua, il risucchio aspira l'aria della campana che lo copre, innescando così, l'effetto sifone. La pressione atmosferica spinge l'acqua all'interno del tubo che collega la vasca dei pesci ai "*growbed*" finché non raggiunge il foro presente sul tubo che segna il livello minimo di acqua che rimarrà nella vaschetta; arrestando il processo.(Fig. 19)

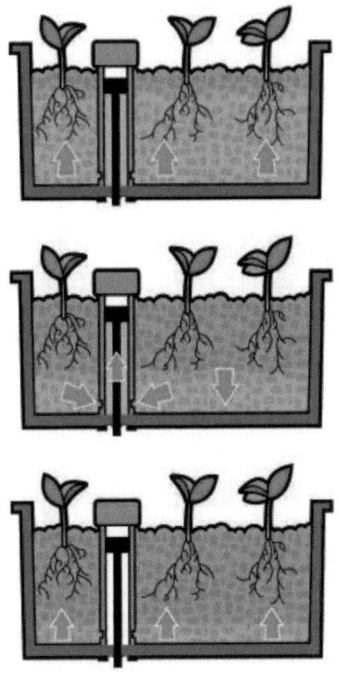

Figura 19
Esempio di funzionamento esplicativo del sifone a campana

Durante le prime fasi è stato costruito un sifone (Fig. 20) ottenuto da un tubo in PVC dove, da una parte, sono state realizzate delle dentellature in modo da far entrare l'acqua, e dall'altra parte, è stato applicato del silicone nero per impedire l'entrata dell'aria. Si è realizzato anche un buco dal quale è stato fatto passare un piccolo tubicino che serviva a fissare il limite di svuotamento della vaschetta. L'acqua pompata dalle vasche dei pesci riempiva i letti di coltura fino al tubo del troppo pieno, non permettendo di innescare l'effetto sifone, di conseguenza non svuotando le vasche totalmente.

Questa prima tipologia di sifone aveva un problema di entrata dell'aria nella parte occupata dal tappo, non permettendo che l'effetto sifone, necessario al funzionamento del sistema, si avviasse.

La seconda tipologia di sifone (Fig. 21) è stata creata adoperando un tubo in PVC, bloccato da una parte con un tappo a tenuta stagna con guarnizione annessa, si sono anche aumentate le dimensioni in lunghezza in modo da incrementare l'aria presente all'interno del tubo ed essere sicuri dello svuotamento totale di ciascun "growbed". Il tubicino di regolazione è stato sostituito da un piccolo foro realizzato alla base che svolgeva la stessa funzione.

Figura 20 - Tipologia di primo sifone utilizzato nell'impianto

(a)

(b)

Figura 21 - (a)Tubo con chiusura stagna (b) Sifone montato

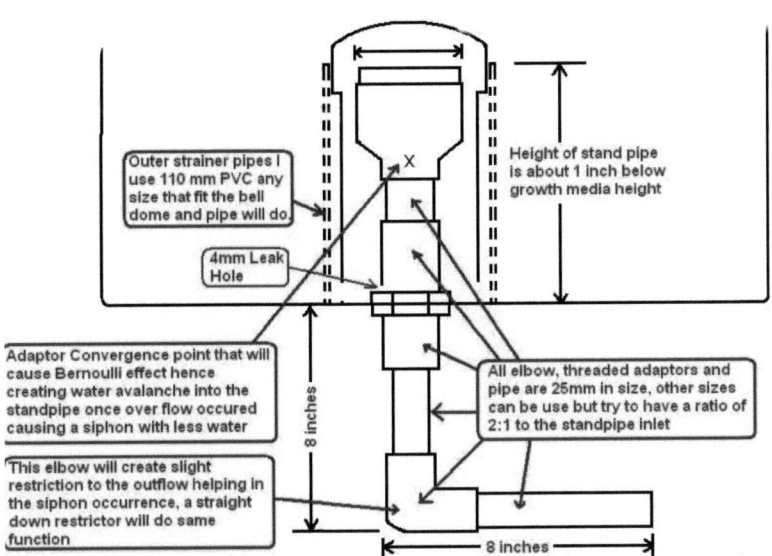

Figura 22 - Modello di un sifone a campana(Fonte: http://www.affnan-aquaponics.blogspot.com)

Dopo che i sifoni sono stati montati in entrambe le vaschette si è versato all'interno ¾ di argilla espansa e ¼ di lapillo vulcanico per dare vita ai letti di crescita per le piante. L'argilla espansa che si è utilizzata aveva una granulometria di 4-6 mm e una porosità di quasi il 60% rispetto al suo volume ed un assorbimento di acqua del 10%.

Le caratteristiche chimiche dell'argilla espansa utilizzata sono riportate nella tabella di seguito:

Specie chimiche	Percentuale presente
SiO_2	56,7 %,
Al_2O_3	18.3 %
K_2O	2.57%
Fe_2O_3	8.13%
CaO	3 %
Na_2O	3.15%
TiO_2	2.3 %
MgO	0.23%

Figura 23- Ciottoli di argilla espansa riposti nelle vaschette

Il Lapillo vulcanico che si è utilizzato aveva una granulometria di 10-15 mm, una porosità rispetto al volume del 40-60% e un assorbimento di acqua del 20%.

Le caratteristiche chimiche del lapillo vulcanico utilizzato sono riportate nella tabella di seguito:

Specie chimiche	Percentuale presente
SiO_2	56%,
Al_2O_3	16.5%
K_2O	4.9%,
Fe_2O_3	6.5%
CaO	8.8 %
Na_2O	2.2%
TiO_2	0.8%,
MgO	3.1%

Figura 24- Lapillo vulcanico riposto sopra l'argilla espansa

Il letto di crescita è stato realizzato con la componente argillosa sul fondo e la componente vulcanica in superficie (Fig. 24). Si è deciso di operare così perché la granulometria maggiore del lapillo vulcanico impediva che i semi venissero risucchiati dall'effetto sifone durante il funzionamento dell'impianto.

Le vasche da 70 l sono state riempite con acqua di rubinetto precedentemente analizzata, dove sono stati riscontrati i seguenti valori:

Parametri chimici	Quantità
Nitrati	0
Nitriti	0
dGH	22 ppm
dKH	217,6 mg/l
pH	7.5
Cl_2	0.8
Temperatura	24 C

I 20 pesci sono stati immessi dopo circa 24 ore di funzionamento del sistema in modo da far decantare un po' l'acqua ed eliminare la piccola percentuale di cloro presente.

Per ogni vasca sono state montate due pompe sommerse di portata 1200l/h

(Fig. 25); bocchettone e griglia di protezione sono stati allestiti in modo da evitare l'intasamento del filtro. Il parametro che ha direzionato la scelta di questo tipo di pompe è stata la prevalenza, cioè l'altezza massima di sollevamento che una macchina idraulica può fare superare ad un fluido. Queste pompe dovevano essere capaci di spingere l'acqua attraverso un tubo oltre i 110 cm di altezza presenti tra il fondo delle vasche e i letti di coltura (Fig. 26).

Figura 25- Modello di pompa sommersa

Figura 26: Funzionamento della pompa

Sono state azionate le pompe nelle due vasche ed è stato somministrato una piccola quantità di mangime in scaglie ai pesci in modo da essere consumata nel giro di circa un minuto.

In base al rapporto tra il tempo in cui i pesci consumavano tutto il cibo e, il fabbisogno nutrizionale per la crescita, è stata fissata la quantità somministrata di mangime a 1.6 g per vasca due volte al giorno(Fig. 27).

Figura 27- Pesatura del mangime somministrato ai pesci

Le caratteristiche chimiche del mangime utilizzato sono riportate di seguito:

Componenti	QUANTITÀ
Proteine	40%
Oli e grassi grezzi	9%
Cellulosa grezza	2%
Umidità	6%
Additivi	1%
Vitamine	20%
Pro-Vitamine	15%

Figura 28 - Mangime somministrato ai pesci

Dopo aver somministrato il mangime ai pesci (Fig. 28) il sistema è stato fatto girare senza piantare alcun seme per una settimana in modo da permettere ai batteri nitrificanti di colonizzare i letti di coltura (Fig. 29).

Figura 29- Impianto acquaponico in funzione

3.2 Prova sperimentale

In ambiente acquaponico dopo circa due giorni dalla semina nel 55% dei semi si sono visti germogliare i primi cotiledoni; nel 35% oltre ai cotiledoni si è riscontrata anche la crescita delle prime foglie e nel 10% non si è avuta germinazione.(Fig.30)

Figura 30 - Semi nel quale si riscontra la crescita iniziale di cotiledoni in un ambiente acquaponico

In ambiente terrigeno invece sono stati visti germogliare i primi cotiledoni nel 55% dei semi; nel 30% dei semi si è riscontrata anche la crescita delle prime foglie e infine nel 15% dei semi non si è avuta germinazione.(Fig.31)

Figura 31 Semi nel quale si riscontra la crescita iniziale di cotiledoni in ambiente terrigeno

Al quinto giorno dall'inizio della sperimentazione, è stato effettuato il primo campionamento per valutare la crescita dei semi. In ambiente acquaponico sono stati prelevati dei campioni di acqua per valutare la variazione di nitrati dovuta al funzionamento del sistema. I valori dei nitrati tendevano a salire da 0 a 25 mg/l (Grafico 1), il valore di pH si è mantenuto sui 7.5. Dalla misurazione del peso dei semi si è riscontrato un incremento percentuale del 176% (Tab. 1). In terra invece è stato riscontrato un incremento percentuale del peso dei semi del 145%.

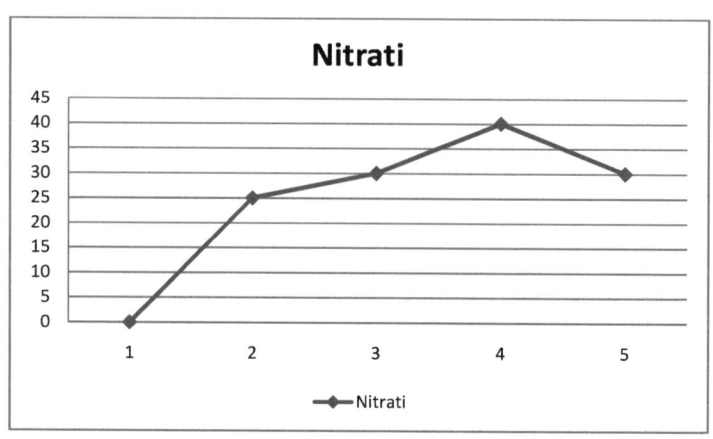

Grafico 1- Andamento della curva relativa ai nitrati riscontrati nella vasca

Dopo il decimo giorno nelle vasche dei pesci i nitrati sono aumentati ulteriormente da 25 a 30 mg/l (Grafico 1) e il pH si è mantenuto stabile a 7.5 . Pesando i semi a umido si è riscontrato un nuovo aumento della crescita percentuale del 37% (Grafico 3). Le lunghezze dell'asse principale(Fig. 33a) dei fusti sono passati da 0 a 2,61cm in media registrando un incremento del 261% (Tab. 3). In ambiente terrigeno si è visto un incremento di peso umido del 79% (Grafico 4), mentre la lunghezza (Fig. 34a) è passata da un valore di 0 a 3,34 (Tab. 3) riportando un incremento percentuale del 334%.

Dopo 15 giorni c'è stata una diminuzione dei nitrati da 30 a 40 mg/l e il pH si è stabilizzato su un valore di 7.5; i semi hanno raggiunto un ulteriore aumento di peso del 33%. La media delle lunghezze dell'asse principale (Fig. 33b) è passata da un valore di 2,61cm a 5,014 cm registrando un incremento del 91,6%(Tab. 3). In ambiente terrigeno invece si è visto un incremento di peso umido del 49% ed è stato riscontrato un aumento del 64,7% delle lunghezze medie(Fig. 34b) in cm passando da un valore di 3,34 a 5,504 (Tab. 3).

Dopo circa venti giorni, in acquaponica si è riscontrata una diminuzione dei nitrati da 40 a 30 mg/l (Grafico 1) e il pH si è mantenuto fisso sui 7.5. I semi nei "growbed" hanno subito un successivo aumento di peso del 27%. La media delle lunghezze dell'asse principale(Fig. 33c) è passata da un valore 5,014 cm ad uno di 7,975 cm registrando quindi un incremento ulteriore del 60% (Tab. 3). In ambiente terrigeno si è riscontrato un successivo aumento del peso umido del 49% e le lunghezze dell'asse principale(Fig. 34c) sono passate da un valore medio di 5,504 cm ad uno di 6,572 registrando un incremento del 20% (Tab. 3).

29/09/2013	04/10/2013	09/10/2013	14/10/2013	19/10/2013
0,35	1	1,15	1,53	1,74
0,36	1,14	1,64	2,45	3,65
0,4	1,13	1,22	1,51	2,12
0,25	0,69	1,16	1,92	2,46
0,37	0,9	1,88	2,45	3,44
0,25	0,72	0,58	0	0
0,39	1,02	1,36	1,35	0
0,31	0,76	1,05	1,34	1,71
0,3	1,01	1,82	2,66	3,6
0,26	0,72	0,74	1,03	1,11
0,3	0,75	1,05	1,68	2,14
0,26	0,81	1,21	1,83	2,54
0,33	1	1,99	2,76	3,67
0,38	1,17	1,67	2,46	3,14
0,27	0,81	0,74	0	0
0,21	0,42	0	0	0
0,38	0,8	1,15	1,98	2,56
0,27	0,82	0,88	1,07	1,41
0,26	0,75	1,03	1,87	2,68
0,33	0,8	1,32	1,6	2,08

Tabella 1- Valori in grammi di peso umido relativi all'ambiente acquaponico.

29/09/2013	04/10/2013	09/10/2013	14/10/2013	19/10/2013
0,21	0,67	0,4	0,82	1,02
0,36	0,87	1,36	2,3	2,85
0,41	0,78	1,41	1,96	1,82
0,22	0,6	1,39	2,07	3,07
0,31	0,82	1,25	1,84	2,48
0,34	0,96	2,38	3,35	4,94
0,36	0,82	1,75	2,72	4,52
0,22	0,43	0	0	0
0,34	0,77	1,26	1,98	3,41
0,29	0,83	1,71	2,47	3,98
0,38	0,95	1,76	2,68	4,51
0,42	1,03	1,31	1,61	1,66
0,34	1,01	2,2	3,15	4,89
0,36	0,89	1,17	2,14	3,75
0,4	1,01	2,26	3,17	5,15
0,32	0,73	1,12	1,73	2,45
0,33	0,61	1,33	1,81	3,25
0,35	0,76	1,89	2,77	3,97
0,21	0,79	1,31	1,68	2,41
0,29	0,53	1,14	2,22	3,85

Tabella 2- Valori in grammi di peso umido riscontrati in ambiente terrigeno.

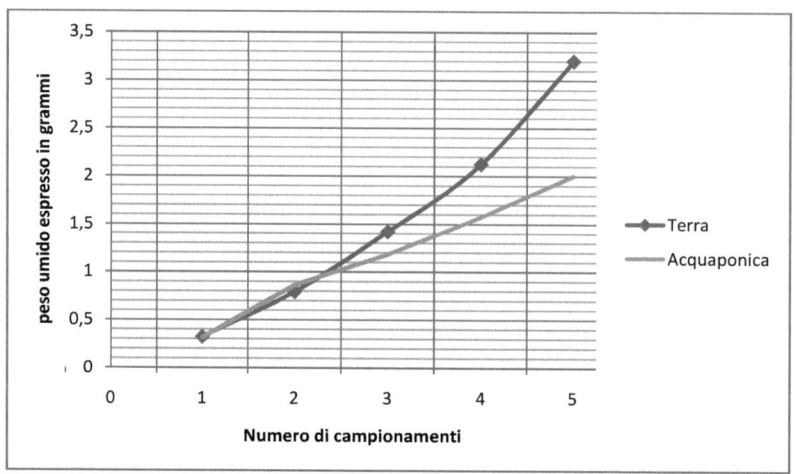

Grafico 2 - Curve di crescita nel sistema acquaponico e nel sistema terrigeno in rapporto ai valori di peso umido.

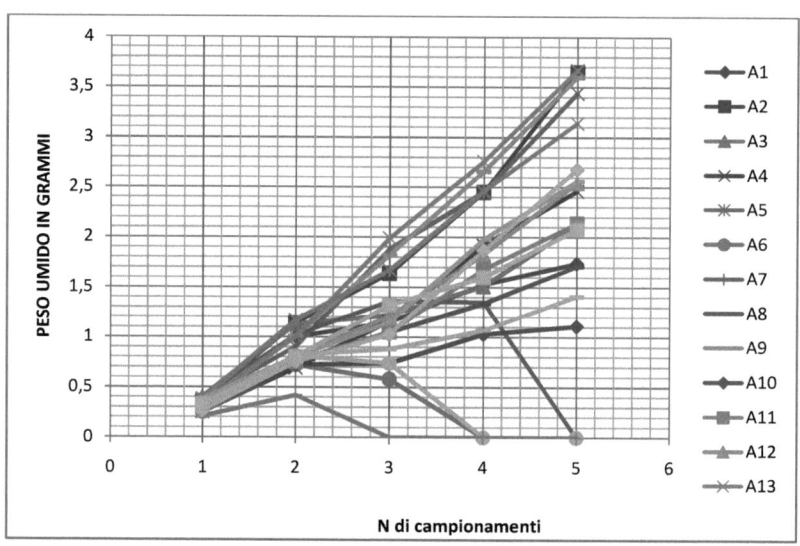

Grafico 3 - Curve di crescita riguardanti ogni singolo seme in acquaponica

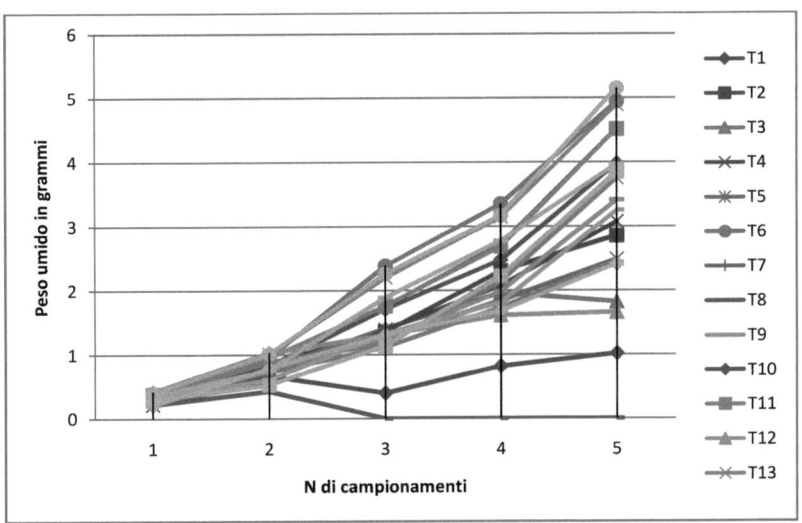

Grafico 4 Curve di crescita relative a ogni singolo seme in terra

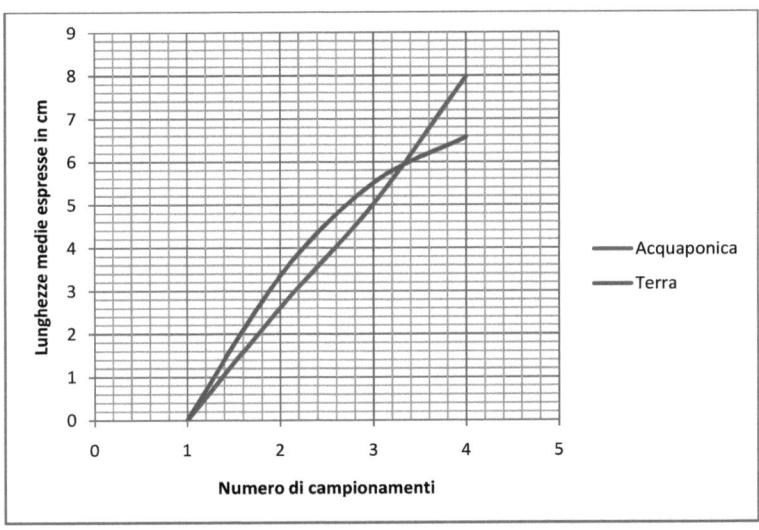

Grafico 5 Curve di crescita relative alla lunghezza del fusto nel sistema acquaponico e nel sistema terrigeno.

Analizzando i dati delle tabelle 1 e 2 si è visto che in ambiente acquaponico si è avuta una mortalità dei semi del 20%, mentre in terra del 5%.

La crescita in ambiente acquaponico è stata inferiore del 32% rispetto all'ambiente terrigeno (Grafico 2). L'estrazione delle piantine dai growbed ha sicuramente favorito l'attacco di *"Delia platura"* (Meigen, 1826) (Fig. 32) in ambiente acquaponico rallentando la crescita delle piante. L'infestazione si è notata nell' intervallo di tempo tra il secondo e il terzo campionamento. Questa ipotesi è sostenuta dall'andamento dei valori riscontrabile nel grafico 2, in cui si vede come la curva di crescita cambi il suo andamento proprio nell'intervallo considerato.

Figura 32 - Stadio larvale ed adulto di *Delia platura* (Meigen, 1826) nel letto di crescita.

Dal grafico 5 si è constatato che la crescita in lunghezza delle piante in acquaponica è maggiore rispetto alla crescita in terra.

Date campionamenti	Acquaponica	Terra
04/10/2013	0	0
09/10/2013	2,6125	3,3495
14/10/2013	5,0141	5,5042
19/10/2013	7,975	6,5721

Tabella 3 :Valori medi di lunghezze in cm

(a)campioneA14
09/10/13

(b)campioneA14
14/10/13

(c)campioneA14
19/10/13

Figura 33- Foto del "Pisum sativum" in ambiente acquaponico

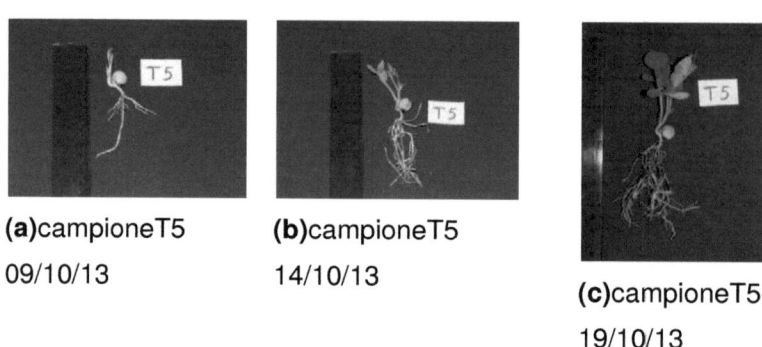

(a)campioneT5
09/10/13

(b)campioneT5
14/10/13

(c)campioneT5
19/10/13

Figura 34- Foto del "Pisum sativum" in ambiente terrigeno

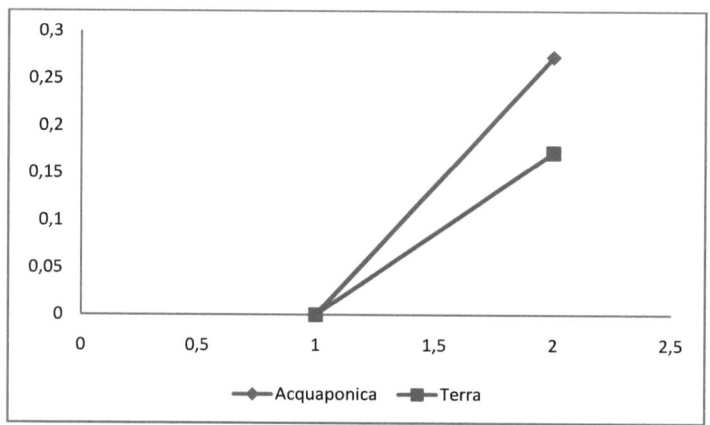

Grafico 6 - Curve di crescita relative al peso secco in ambiente terrigeno e in ambiente acquaponico

Dal grafico 6 relativo al peso secco dei vari campioni si è constatato che la crescita in acquaponica è stata inferiore di quella terrigena come era stato già confermato dall'analisi del peso umido (Grafico 2).

In conclusione, possiamo dire che il progetto proposto per la costruzione di un impianto acquaponico si è dimostrato valido dal punto di vista meccanico. La sua costruzione non richiede particolari competenze, soprattutto dopo le modifiche apportate alla struttura del sifone che ne hanno migliorato la funzionalità. Si è confermato un sistema efficiente, ecosostenibile ed economico ma soprattutto alla portata di tutti. Le prove di coltura eseguite, evidenziano che il sistema è perfettamente funzionante . In particolare, vanno approfondite le problematiche concernenti i possibili attacchi parassitari e le possibilità di controllarne lo sviluppo. Queste necessità vanno curate in modo particolare soprattutto in previsione di usare questa tecnologia per l'allevamento di specie marine sia vegetali che animali.

4.0 Bibliografia

Allsopp M., Johnston P. e Santillo D.(2008). "Challenging the Aquaculture Industry Standards". http://www.greenpeace.org

Centro studi per l'acquaponica. "Introduzione all'acquaponica". http://acquaponica.blog.tiscali.it

Chalmers, G.A. (2004). Acquaponic and Food Safety. Alberta

Commissione Europea Pesca (2013)."Orientamenti strategici per lo sviluppo sostenibile dell'acquacoltura nell'UE" .http://ec.europa.eu/index_it.htm

De Crescenzo D. e Dernowski R. ,(2010). Acquaponica: una scelta sostenibile. www.aquaguide.it

De Dezsery, A.S. (2010). Commercial Integrated Farming of Aquaculture and Horticulture. ISSI Institute. Australia.

Diver, S. (2006). Aquaponics :integration of hydroponics with aquaculture. Publication No. IP163. ATTRA, National Sustainable Agriculture Information Service.

Dudley H., (1992)- Hydroponics food production. Global Aquacult Advoc 3: 40-42

Gooley, G.J. e Gavine, F.M. (2003)- Integrated Agri-Aquaculture Systems; A resource handbook for Australian industry development. RIRDC Project No WFR-2A.

Graber, A. e Junge, R. (2009). Aquaponic systems: nutrient recycling from fish wastewater by vegetable production. *Desalination* 246(1–3), 147–156.

Helfrich D.L. (2000). Hydroponics and aquaculture: New systems for efficient. Global acquaculture Alliance.

Hopkins G. e Huner P.A., (2008). Fisiologia vegetale. Mc-Graw-Hill pag.183-196.

Hughey T. (2005). Acquaponics for developing countries. Aquaponics Journal. No. 38.

Hughey Travis (2011)."The Barrel-ponics® Manual." Faith and Sustainable Technologie" (www.fastonline.org/content/view/15/29/)

Jones, J.B. (2005). Hydroponics: a practical guide for the soilless grower. CRC Press. Boca Raton. Fla.

Pantanella, E. (2008)- Pond aquaponics: new pathways to sustainable integrated aquaculture and agriculture. Aquaculture News 34.

Rakocy, J.E., Bailey, D., Shultz, C. e Thoman, (2009)- E. Update on Tilapia and Vegetable Production in the UVI Aquaponic System. University of the Virgin Islands.

Rakocy, J.E., Masser, P.M. & Losordo, M.T. (2006)-Recirculating aquaculture tank production systems: Aquaponics-Integrating fish and plant culture, SRAS No. 454.

Range, P. e Range, B.- Simplified Aquaponics Manual. Texas.

Raven P.H , Evert R.F. e Eichhorn S.E., (2002). Biologia delle piante. Zanichelli pag 137- 144

Rebecca L.Nelson (2008). Aquaponic Food Production - Raising fish and plants for food and profit.

Savidov, N.A., Hutchings, E. & Rakocy, J.E. (2007). Fish and plant production in a recirculating aquaponic system: a new approach to sustainable agriculture in Canada. Acta Horticulturae (IHSH) 742: 209-221.

Sodi,F.(2005) Pisello – Pisum Sativum Asch. et Gr. www.agraria.org.

Sylvia Bernstein (2011)-Acquaponic Gardening. New Society Publisher.

Tezel, M. (2009). Aquaponics Common Sense Guide. http://backyardaquaponics.com

Turner B., (2011). How work Idroponics.

http://home.howstuffworks.com

Wilson, G. (2005). Greenhouse Aquaponics Proves Superior to Inorganic Hydroponics. Aquaponics Journal. No. 39

Printed by Books on Demand GmbH, Norderstedt / Germany